农业简史

少年科学家
通识丛书

《少年科学家通识丛书》
编委会 编

U0256444

中国大百科全书出版社

图书在版编目（CIP）数据

农业简史 /《少年科学家通识丛书》编委会编 . ——
北京：中国大百科全书出版社，2023.7
　　（少年科学家通识丛书）
　　ISBN 978-7-5202-1383-7

　　I . ①农… II . ①少… III . ①农业史—中国—少年读物
IV . ① S-092.2

中国国家版本馆 CIP 数据核字（2023）第 126401 号

出　版　人：刘祚臣
责任编辑：程忆涵
封面设计：魏　魏
责任印制：邹景峰
出　　　版：中国大百科全书出版社
地　　　址：北京市西城区阜成门北大街 17 号
网　　　址：http://www.ecph.com.cn
电　　　话：010-88390718
图文制作：北京杰瑞腾达科技发展有限公司
印　　　刷：小森印刷（北京）有限公司
字　　　数：100 千字
印　　　张：8
开　　　本：710 毫米 ×1000 毫米　　1/16
版　　　次：2023 年 7 月第 1 版
印　　　次：2023 年 7 月第 1 次印刷
书　　　号：978-7-5202-1383-7
定　　　价：28.00 元

我们为什么要学科学

世界日新月异，科学从未停下发展的脚步。智能手机、新能源汽车、人工智能机器人……新事物层出不穷。科学既是探索未知世界的一个窗口，又是一种理性的思维方式。

为什么要学习科学？它能为青少年的成长带来哪些好处呢？

首先，学习科学可以让青少年获得认知世界的能力。其次，学习科学可以让青少年掌握解决问题的方法。第三，学习科学可以提升青少年的辩证思维能力。第四，学习科学可以让青少年保持好奇心。

中华民族处在伟大复兴的关键时期，恰逢世界处于百年未有之大变局。少年强则国强。加强青少年科学教育，是对未来最好的投资。《少年科学家通识丛书》是一套基于《中国大百科全书》编写的原创青少年科学教育读物。丛书内容涵盖科技史、天文、地理、生物等领域，与学习、生活密切相关，将科学方法、科学思想和科学精神融会于基础科学知识之中，旨在为青少年打开科学之窗，帮助青少年拓展眼界、开阔思维，提升他们的科学素养和探索精神。

《少年科学家通识丛书》编委会

2023 年 6 月

第一章　水稻的老家在哪里

第二章　粟——中国古代最主要的粮食作物

第三章　小麦从何而来

第一章

水稻的老家在哪里

中国栽培的水稻属亚洲栽培稻，其祖先种为多年生的普通野生稻，在中国东起台湾桃园、西至云南景洪、南起海南三亚、北至江西东乡的广大地区都有分布。中国野生稻的驯化、品种和栽培技术，都有十分悠久的历史。

起源和产区

浙江余姚河姆渡新石器时代遗址

野生稻被驯化成为栽培稻由来已久。湖北玉蟾岩新石器时代遗址出土的栽培稻植硅石和稻壳遗存，证明中国原始稻作已有1万～1.2万年的历史。

根据考古发掘报告，中国已发现100余处新石器时代遗址有炭化稻谷或茎叶的遗存，尤以太湖地区的江苏南部、浙江北部最为集中，长江中

新石器时代的稻粒（浙江余姚河姆渡出土）

游的湖北次之，其余散布在江西、福建、安徽、广东、云南、台湾等省。新石器时代晚期遗存在黄河流域的河南、陕西、山东也有发现。出土的炭化稻谷（或米）已有籼稻和粳稻的区别，表明籼、粳两个亚种的分化早在原始农业时期已经出现。上述稻谷遗存的测定年代多数较亚洲其他地区出土的稻谷为早，是中国稻种具有独立起源的证明。

由于中国水稻原产南方，大米一直是长江流域及其以南人民的主粮。魏、晋、南北朝以后经济重心南移，北方人口大量南迁，更促进了南方水稻生产的迅速发展。唐、宋以后，南方一些稻区进一步发展成为全国稻米的供应基地。唐代韩愈称"赋出天下，江南居十九"，民间也有"苏湖熟，天下足"和"湖广熟，天下足"之说。据《天工开物》估计，明末时的粮食供应，大米约占7/10，麦类和粟、黍等占3/10，而大米主要来自南方。黄河流域虽早在新石器时代晚期已开

始种稻，但水稻种植面积时增时减，其比重始终低于麦类和粟、黍等。

品种演变

中国是世界上水稻品种最早有文字记录的国家。《管子·地员》篇中记录了 10 个水稻品种的名称和它们适宜种植的土壤条件。以后历代农书以及一些诗文中也常有水稻品种的记述。宋代出现了专门记载水稻品种及其生育、栽培特性的著作《禾谱》，各地方志中也开始大量记载水稻的地方品种，已是籼、粳、糯分明，早、中、晚稻齐全。到明、清时期，这方面的记述更详，尤以明代的《稻品》最为著名。历代通过自然变异、人工选择等途径，陆续培育了具有特殊性状的品种，有别具香味的香稻，适于酿酒的糯稻，可以一年两熟或灾后补种的特别早熟品种，耐低温、旱涝和耐盐碱的品种，

疣粒野生稻   普通野生稻   药用野生稻

以及再生力特强的品种等。现在保存的水稻品种资源约有 3 万多份，它们是几千年来变异选择的结果。

20 世纪 50 年代中国用穗系育种（系统选择）法选育的品种，如南特 16、矮脚南特、陆财号、老来青等，都曾产生过显著的增产效果。而通过杂交育种法育成的品种构成了中国目前水稻栽培品种的主体。20 世纪 20 ～ 30 年代，中国学者丁颖最早通过杂交育成中山 1 号、暹黑 7 号等品种；50 年代，江苏省以胜利籼与中农 4 号杂交育成南京 1 号，广东省以矮仔占与广场 13 杂交育成矮秆早籼"广场矮"，广场矮是中国杂交育成的第一个矮秆高产品种；1961 年广东省又以矮仔占与惠阳珍珠早杂交育成"珍珠矮"。广场矮、珍珠矮和矮脚南特在 60 年代是南方稻区的主要推广品种和矮秆亲本。此后各地又相继选育了大批适应多种熟期的矮秆高产品种，如长江流域太湖地区的晚粳品种沪选 19、鄂晚 5 号和北方稻区

丁颖

袁隆平与同事

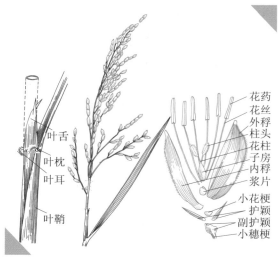

花药
花丝
外稃
柱头
花柱
子房
内稃
浆片
小花梗
护颖
副护颖
小穗梗

叶舌
叶枕
叶耳
叶鞘

稻株形态

"杂交水稻之父"袁隆平在水稻田间指导

的半矮秆品种吉粳60、辽粳5号等。后者为籼粳杂交经过复交的粳型品种。1964年，中国湖南省黔阳农校教师袁隆平在洞庭早籼等品种中发现一批自然雄性不育材料，提出实现水稻杂交优势利用的设想，并开始杂交稻的研究。1970年冬，袁隆平的助手李必湖在海南省崖县的普通野生稻群落中，发现一株花粉败育的野生稻（简称野败），为育成籼型水稻不育系提供了宝贵的种质资源。于是，袁隆平等众多科研工作者以利用野败不育系为主要途径，进行了恢复系筛选的课题研究和实验。1973年，野败型杂交籼稻三系配套，并选配出一批强优势组合，杂交稻终于育成。1974年和1975年，经湖南、广西、江西等地进行杂交组合优势鉴定，一般比当地栽培品种增产20％以上。1976年开始大面积推广。中国成为世界稻作生产上首先利用杂种优势的国家。此外，辐射育种、花培育种也取得显著成就。

栽培技术

早期水稻的种植主要是"火耕水耨"。东汉时水稻技术有所发展，南方已出现比较进步的耕地、插秧、收割等操作技术。唐代以后，南方稻田由于曲辕犁的使用而提高了劳动效率和耕田质量，并在北方旱地耕－耙－耱整地技术的影响下，逐步形成一套适用于水田的耕－耙－耖整地技术。到南宋时期，《陈旉农书》中对于早稻田、晚稻田、山区低湿寒冷田

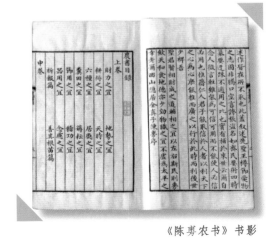

《陈旉农书》书影

秧马

和平原稻田等都已提出整地的具体标准和操作方法，整地技术更臻完善。

早期的水稻都行直播。稻的移栽大约始自汉代，当时主要是为了减轻草害。以后南方稻作发展，移栽才以增加复种、克服季节矛盾为主要目的。移栽先需育秧。《陈旉农书》提出培育壮秧的

3个措施是"种之以时""择地得宜"和"用粪得理"，即播种要适时、秧田要选得确当、施肥要合理。宋以后，历代农书对于各种秧田技术，包括浸种催芽、秧龄掌握、肥水管理、插秧密度等，又有进一步的详细叙述。秧马的使用对于减轻拔秧时的体力消耗和提高效率起了一定作用，此外还发明了使用"秧弹""秧绳"以保证插秧整齐合格等。

关于水田施肥的论述首见于《陈旉农书》。其中如认为地力可以常新壮、用粪如用药以及要根据土壤条件施肥等论点，至今仍有指导意义。在水稻施用基肥和追肥的关系上，历代农书都重基肥，因为追肥最难掌握。但长时期的实践经验使古代农民逐渐创造了看苗色追肥的技术，这在明末《沈氏农

书》中有详细记述。

中国水稻的发展还与农田水利建设有密切关系。陕西省汉墓出土的陂池稻田模型中有闸门、出水口、十字形田埂等，生动地反

《齐民要术》书影

映了当时稻田水源和灌溉的布局。在水稻灌溉技术方面，早在西汉《氾胜之书》中已提到用进水口和出水口相直或相错的方法调节灌溉水的温度。北魏《齐民要术》中首次提到稻田排水干田对于防止倒伏、促进发根和养分吸收的作用，为后世"烤田"技术的滥觞。南宋时楼璹曾作《耕织图》，其中耕图 21 幅，内容包括从整地、浸种、催芽、育秧、插秧、耘耨、施肥、灌溉等环节直至收割、脱粒、扬晒、入仓为止的水稻栽培全过程，是中国古代水稻栽培技术的生动写照。

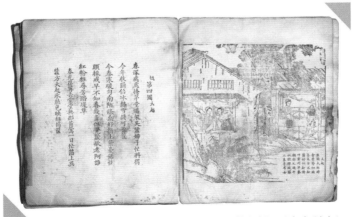

《耕织图》（清末刻本）

耕作制度

水稻原产热带低纬度地区，要在短日照条件下才能开花结实，一年只能种植一季。自从有了对短日照不敏感的早稻类型品种，水稻种植范围就渐向夏季日照较长的黄河流域推进，而在南方当地就可一年种植两季以至三季。其方式和演变过程包括：利用再生稻；将早稻种子和晚稻种子混播，先割早稻后收晚稻；实行移栽，先插早稻后插晚稻，发展成一年两收的双季间作稻。从宋代至清代，双季间作稻一直是福建、浙江沿海一带的主要耕作制度；双季连作稻的比重很小。到明、清时期，长江中游已以双季连作稻为主。太湖流域从唐宋开始在晚稻田种冬麦，逐渐形成稻麦两熟制，持续至今。

紫云英

为了保持稻田肥力，南方稻田早在 4 世纪时已实行冬季种植苕草，后发展为种植紫云英、蚕豆等绿肥作物。沿海棉区从明代起提倡稻、棉轮作，对水稻、棉花的增产和减轻病虫害都有作用。历史上逐步形成的上述耕作制度，是中国稻区复种指数增加、粮食持续增产，而土壤肥力始终不衰的重要原因。

目前中国以水稻生产为主，陆稻种植面积仅占稻作总面积的2%左右。陆稻一般为直播栽培，也可育秧移栽。水稻在中国多为移栽，但在黑龙江和其他一些地区也有少量直播的。直播稻便于机械耕作、分蘖早、发育快，在良好的肥水条件下，产量也很高，因而在农业人口少、机械化程度高的国家颇受欢迎。此外，在已经收割的水稻残存茎秆上，还可从休眠芽萌发出再生分蘖，经过适当培育，又可形成植株，抽穗结实，称为再生稻。移栽水稻的主要技术环节如下：①育秧。培育壮秧是实现高产的基础。首先要选用生长期适宜、高产优质高抗的品种，种子经过精选、消毒和浸种催芽后，根据品种特性和当地气候条件、种植制度等，确定最适时间播种。水稻出苗的最低温度，粳稻为12℃，籼稻为14℃，苗期最适温度为26～32℃，一般以20℃左右对育成壮苗最为有利。育秧方式按秧田水分条件可分为水育秧、旱育秧和湿润育秧等。水育秧对防治杂草和保温防寒有一定效果，但如管理不善，通气不良，则有碍秧苗根系生长，且秧苗嫩弱，易于烂秧。旱育秧生长条件良好，有利于秧苗根系发育，可育出健壮秧苗，但易导致生长不良和发生立枯病。湿润育秧的优缺点介于前两者之间，秧田水分管理以"前湿后水"为原则，随秧苗的发育进程，从保持土壤湿润到浅水勤灌与露田相结合，最后达到保有一定的水层。此外，按保温设施的不同，育秧方式还可分为塑料薄膜育秧和温室育秧等。采用这类方式增温效果显著，并可有效调节温湿度。温室育秧还可为育秧工厂化和移栽的机械化创造条件。②栽插。除需栽植适期和选用适龄壮秧外，合理密植是重要环节。适当加大基本苗的栽插密度有利于提高群体叶面积指数，提高光能利用率。这在生育期短的情况下尤为重要。但栽插密度过高，易倒伏，至中、后期叶面积指数过大，使群体内部透光、通风条件恶化而造成减产。因而基本苗的栽插密度必须适当，要因种、因肥、因栽插早晚而异，以利于生长足够的穗数、形成合理

中国黑龙江省佳木斯农民在用收割机收割稻谷

的群体结构和提高群体光能利用率，获得高产。③施肥。肥料以氮、磷、钾肥为主，每生产稻谷和稻草各 1000 千克时，氮的吸收量为 15.0～19.1 千克，磷酸为 8.1～9.54 千克，氧化钾为 18.3～38.2 千克，氮、磷、钾的比例为 2:1:2～4。施肥量根据预计产量所需吸收的养分量以及土壤养分的供给量和肥料的利用率等情况来确定。另外，不同生育期对养分的需要不同，拔节期以前，各种主要养分都能被迅速吸收；拔节孕穗期，氮的吸收量最高；孕穗期以后则氮的吸收减少，而磷、钾的吸收量相对增加。④灌溉。水稻为沼泽生长作物，每形成 1 千克稻谷约需水 500～800 千克。足够的水分供应是提高植株光合强度和根系活力的必要条件；灌水还可加速土壤中养料的分解和利用。此外，灌水还常被用作调节温度的手段。合理的灌溉量应根据稻田需水量以及不同生育期的水分要求确定。返青期、长穗期和抽穗期对水分的反应敏感，宜进行水层灌溉；分蘖期宜浅水勤灌，以促进分蘖，并在分蘖后期通过短时深灌或排水晒田，抑制无效分蘖的发生；灌浆、结实期采取间隙灌溉，保持土壤湿润即可。

第二章

粟——中国古代最主要的粮食作物

禾本科狗尾草属一年生草本。又称谷子、小米、狗尾粟。古农书称粟为梁，糯性粟为秫。甲骨文"禾"即指粟。主要为粮食作物，兼作饲草。世界上有70多个国家种植，种植面积较大的有印度、尼日利亚、中国。

起源

社仓纳粟砖（河南省洛阳市出土）

中国北方是粟的起源中心，其野生种狗尾草在中国广泛分布。黄河流域从西起甘肃玉门，东至山东龙山的新石器时代遗址中，有炭化粟出土的近20处，其中最早的是距今约7000多年的河南裴李岗和河北磁山遗址，表明黄河流域粟的驯化栽培历史悠久。黄河流域的早期文化也可说是旱农耕作的粟、黍文化。《诗经》中出现了与粟有关的字"黍""稷""秫""粱""穈""芑"等。"稷"一说即粟，一说为黍；"秫"指黏性的粟，后泛指一切黏性的谷粒；"粱"指穗大芒长粒粗的粟，"穈"是赤色的"粱"，"芑"是白色的"粱"，反映了古代人民对粟的不同类型，早已有所认识。

各种穗形的粟

粟在春秋、战国时期仍是首要的粮食作物。《汉书·食货志》称："春秋它谷不书，至于麦禾不成则书之，以此见圣人于五谷最重麦与禾也。""禾""谷"二字常被用作主要粮食作物的通称。直到隋唐时水稻生产发展，粟在全国粮食生产中的地位才有所下降；但在北方地区仍不失为农民的主粮。

栽培

粟是耐瘠作物，吸肥力强。战国时《吕氏春秋》有"今兹美禾，来兹美麦"。北魏《齐民要术》指出："谷田必岁易"，说明农民很早已知粟宜轮作，忌连作。粟性耐

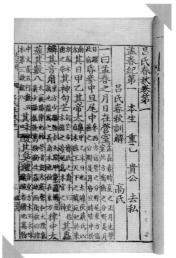

《吕氏春秋》书影

旱，较能适应黄土高原的干旱条件，但仍需必要的水分供应。魏、晋时已趋完整的耕－耙－耱整地体系，就是适应北方抗旱保墒需要，保证粟生长良好的重要技术。

《齐民要术》等农书中对粟进行中耕的必要性阐述甚详。至清代，《知本提纲》指出："禾赖中根以生。然浮根不去，则中根不深，不能下吸地阴，上济天阳，则籽粒干缺，所收自薄。故锄不厌频。"已从当时的经验认识水平上，将中耕的作用与植株吸收地下水分和利用阳光联系起来。关于粟的品种选育，西晋文献记载有 10 多个，至《齐民要术》中收录的达 86 个，包括了诸如早熟、晚熟、耐旱、耐水、耐风、有毛、无毛、脱粒难易、米质优劣等不同性状，反映了当时选种工作的发展和品种多样化。

粟耐干旱和瘠薄的特性与其叶片表皮细胞壁厚，内含大量硅素，叶脉密集，气孔多，根系致密，吸收力强等有关。

汉朝黍粟囷（临潼县
新丰镇出土）

发育前期需水少，中期需水最多，以小花原基分化到花粉母细胞四分体时期对水分最敏感，灌浆期也需一定水分，以后则需水较少。喜温，生育期短。粟是短日照作物，对光照反应很敏感，尤以生长点分化前后反应最为强烈。富于短光波的日间光和适当缩短日照可促进发育。春播或夏播，生育期 60 ～ 150 天。

粟种子细小，出苗后需及时间苗，以培育壮苗并保证适宜密度。在不同地区可分别采取精量播种、机械化簇生栽培及大粒化种子等办法解决间苗问题。

用途

籽粒可蒸饭、熬粥或磨粉制饼，糯性小米可制作糕点和酿酒。小米蛋白质含量为 7.25% ～ 17.5%，赖氨酸含量平均为 2.17%，蛋氨酸含量一般在 3% 以上，还含有维生素 A、B_1、B_2、E 等，可作营养食品。中医学上小米还可入药。未去稃壳的粟粒是家禽及笼鸟的优质饲料。粟粒的坚硬稃壳具有良好的防潮

野生种狗尾草

防虫作用，故不脱稃壳的粟耐储藏，自古以来被视为积谷的主要粮种。粟茎叶养分接近豆科牧草，蛋白质含量较高，质地柔软，易消化，在中国是大牲畜的重要饲草。粟糠也可喂养猪、鸡。许多国家种粟主要作为干草或鲜草供饲用。

第三章

小麦从何而来

考古发掘表明，新疆孔雀河流域新石器时期遗址出土的炭化小麦距今4000年以上；甘肃民乐县六坝乡西灰山遗址出土的炭化小麦，距今也近4000年。安徽省亳县钓鱼台遗址出土的炭化小麦，则表明西周时小麦栽培已传播到淮北平原。

甲骨文中有偀（来）和 ✳（麦）两个字，为麦的初文。《诗经》中"来"（来）和"麦"并用，还有"来"（小麦）、"牟"（大麦）之分。以后"来"转为来去之来，单用麦字。

西汉《氾胜之书》记载，"夏至后七十日，可种宿麦"，"春冻解，耕和土，种旋麦"，表明已经有"宿麦"（冬麦）和"旋麦"（春麦）之

别。古籍中单称的麦字，多指小麦。以后随着大麦、燕麦等的推广，才用小麦以与其他麦类相区别。

发展过程

从《诗经》反映麦作生产的诗歌中，可知公元前 6 世纪以前黄河中下游各地（今甘肃、陕西、山西、河南、山东等省）已有小麦栽培。

春秋战国时，栽培地区继续扩大。据《周礼·职方氏》记载，当时种麦范围除黄淮流域外，已及内蒙古南部。战国时期发明的石转磨在汉代得到推广，使小麦可以加工成面粉，从而进一步促进了小麦栽培的发展。江南的小麦栽培，较早见于东汉袁康《越绝书》的记载。《晋书·五行志》中反映元帝大兴二年（319）吴郡、吴兴、东阳禾麦无收，造成饥荒，说明 4 世纪初江苏、浙江一带小麦生产已有较大发展。其后由于中原战乱，北方人民大量南迁，特别是南宋初期江南麦的需要量激增、麦价大涨等原因，更刺激了小麦生产。西南地区种植小麦的早期记载见于唐代樊绰《蛮书》。到明代，麦类种植几乎遍及全国，其在粮食作物

小麦生物

中的地位已仅次于水稻，但全国分布不平衡。据《天工开物》记载：在北方"燕、秦、晋、豫、齐、鲁诸道，烝民粒食，小麦居半"，而在南方"西极川、云，东至闽、浙、吴、楚腹焉，……种小麦者，二十分而一"。

栽培技术

北方小麦古代主要是通过多耕多耙和深耕细耙来防旱保墒，消灭杂草、害虫。西汉时关中干旱地区夏季休闲的秋种麦地，多在5～6月耕地蓄水保墒，通过较长时间的晒垡，促使熟化，耕后注重多耙摩平。在南方，南宋后随着稻麦两熟制的推广，稻茬麦田的耕地技术不断提高，《陈旉农书》中就有关于早稻收后耕地、施肥而后种豆麦蔬菇的论述。与北方重视蓄水保墒相反，排水是南方稻麦两熟制中种麦的关键问题。元代《王祯农书》和明代《农政全书》都较为详细地记述了收稻后作垄开沟、以利田间排水的技术，指出要做到垄凸起如龟背、

汉朝石磨（陕西省博物馆藏）

《农政全书》书影

雨后沟无积水，为小麦根系发育创造良好条件。

在小麦播种方面，东汉《四民月令》提出，在田块肥力高低不同时应先种薄田、后种肥田。北魏《齐民要术》更明确指出"良田宜种晚，薄田宜种早"，主张视土壤肥力情况确定播种期。中国古代还有耧犁、下粪耧种和砘车的发明，对促进小麦生产起了重要作用。又据明末《沈氏农书》记载，在江南地区为争取稻茬麦田适时播种，创造了小麦浸种催芽和育苗移栽两种技术。清代还创造了迟播早熟的"九麦法"

四齿铁耙（左）铁犁铧（右）（宋朝）

（即春化处理），解决了北方秋季遭灾后的迟播问题。

用途

小麦籽粒有丰富的淀粉，还含有较多的蛋白质及少量的脂肪、多种矿物元素和维生素 B。小麦籽粒的蛋白质主要由醇溶蛋白和谷蛋白组成，俗称面筋，在面粉加水和成面团后可形成有弹性的网状结构，经发酵膨胀后，适于烤制面包和蒸馒头等。这是其他粮食作物所欠缺的一种加工特性。小麦食品工艺品质的好坏主要取决于蛋白蛋的含量和质量，二者又受品种遗传性和小麦生长环境条件的影响。小麦籽粒还可用于制葡萄糖、白酒、酒精、啤酒和酱、酱油、醋等。麦粉经发酵转化为麸酸钠后，可制味精。面粉和制粉筛出的细麸加水揉成团后可漂洗出湿面筋，经油炸后制成油面筋，为中国特产食品。麸皮是家畜的精饲料，麦秆可作粗饲料和造纸原料，也可堆制或还田作肥料，以及用以编制手工艺品等。

云南省麦地

37

第四章

玉米——来自美洲的黄金

玉米又称玉蜀黍，俗称苞谷、棒子、玉茭等，属一年生草本，是重要的粮食和饲料作物。

起源与分布

玉米植株高大，叶片宽长，雌雄花同株异位，雄花序长在植株的顶部，雌花序（穗）着生在中上部叶腋间，为异花授粉作物。玉米原产于墨西哥或中美洲，栽培历史估计已有4500～5000年，但其起源和进化过程仍无定论。1954年在现今墨西哥城下60～70米处的岩芯中（判断为25000～80000年前的地层）发现了花粉化石，有人认为可能是玉米花粉，由此推断现代玉米的祖先是野生玉米，但此说未被广泛承认。1964年R.S.麦克尼什在墨西哥南部特瓦坎山谷史前人类居住过的洞穴中，发现了一些保存完好的野生玉米穗轴，据判断为公元前5000年有稃爆粒种玉米的残存物，

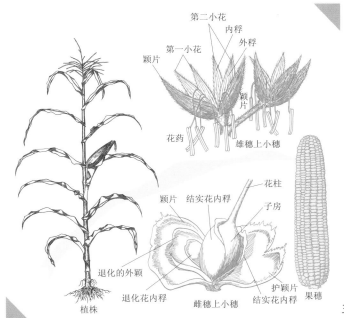

第二小花
内稃
外稃
第一小花
颖片
颖片
花药
雄穗上小穗

花柱
颖片 结实花内稃
子房
退化的外颖
退化花内稃
护颖片 果穗
雌穗上小穗 结实花内稃
植株

玉米植株形态

现代的栽培种系由此进化而成。但也有人认为玉米是从野生墨西哥类蜀黍进化而来，或是由类蜀黍与其他禾本科植物杂交而形成。1492 年哥伦布发现美洲后，于 1494 年将玉米带回西班牙，逐渐传至世界各地。玉米引入中国栽培的历史仅有 400 多年。据万国鼎考证，安徽省北部颖州在 1511 年（明代）刊印的《颖州志》上最先记载了玉米；1578 年李时珍著《本草纲目》中

哥伦布

也有"玉蜀黍种出西土"之句。传入途径，一说由陆路从欧洲经非洲、印度传入西藏、四川；或从麦加经中亚、西亚传入中国西北部，再传至内地各省。一说由海路传入，先在沿海种植，然后再传到内地各省。

玉米传入中国后，就由华南、西南、西北向国内各地传播。因为是新引入的作物，每在一地推广，当地便给它取一名称，因而玉米的异称甚多。除称番麦、西天麦、玉蜀黍外，还有包谷、六谷、腰芦等名称。据 18 世纪初纂修的《盛京通志》记载，当时辽沈平原也已有种植。刚引进栽培时，除山区外一般都用作副食品。由于玉米的适应性较强，易于栽培管理，且春玉米的成熟期早于其他春播作物，未全成熟前又可煮食，有利于解决粮食青黄不接的问题，因而很快成为山区农民的主粮。18 世纪中叶以后，人口大量增加，入山垦种的人日益增多，玉米在山区栽培随之有很大发展。19 世纪以后，由于商品经济发展，经济作物栽培面积不断扩大，加以全国人口大幅度增殖，北方地区又限于水源，粮食生产渐难满足需要，玉米栽培发展到平原地区。到 20 世纪 30 年代，玉米在全国作物栽培总面积中已占 9.6%，在粮食作物中产量仅次于稻、麦、粟，居于第四位；50 年代起，玉米栽培有更大发展，播种面积远远超过了粟而跃居第三位。

玉米分布于北纬 58° 至南纬 40° 之间的温带、亚热带和热带地区，既能在低于海平面的里海平原生长，又能在海拔

3500 米左右的安第斯山一带种植。在全世界范围内，玉米的种植面积仅次于小麦和水稻，居栽培作物的第三位，而籽粒总产量则仅次于小麦，居第二位，单位面积产量居谷类作物之首。

中国是一年四季都有玉米生长的国家。北起黑龙江省的讷河，南到海南省，都有玉米种植。栽培玉米的主要产区是从东北到华北再斜向西南的狭长地带。全国玉米可分为 6 个种植区：北方春播玉米区、黄淮海平原夏播玉米区、西南山地玉米区、南方丘陵玉米区、西北灌溉玉米区、青藏高原玉米区。

栽培管理

在栽培技术方面，清代《三农纪》中说玉米"宜植山土"，并介绍点播、除草、间苗等经验。《洵阳县志》中说山区种玉米，"既种惟需雨以俟其长，别无壅培"，反映了当时栽培玉米不施肥料和粗放的管理措施。直到 18 世纪后期以至 19 世纪末，随

着玉米栽培面积的继续扩大，栽种技术才逐渐向精耕细作的方向发展。在清代《救荒简易书》中，已讲到不同土宜施用不同粪肥、不同作物的宜忌和茬口等。在长期的生产实践中，各地农民还分别选育了不少适应各地区栽植的地方品种。仅据陕西《紫阳县志》所记，19 世纪中叶，该县常种的玉米就有"象牙白""野鸡啄"等多种。在东南各省丘陵、山区，玉米逐渐分化为春播、夏播和秋播 3 种类型。此外，在田间管理、防治虫害等各方面也有进步。到 20 世纪，随着现代农业科学技术的应用，玉米栽培又进入了新的发展阶段。

中国各个玉米产区因气候和土壤条件的差异而形成不同的种植制度。东北、华北北部及西北部分地区，气温低，无

霜期短，为一年一熟的春玉米区，华北平原地区以一年二熟的夏玉米为主。西南和南方丘陵山区地形复杂，在高寒山区以一年一熟的春玉米、丘陵山区以一年二熟夏玉米、平原或浅山区以一年三熟的秋玉米为主。广西东

部和海南岛冬季可种植冬玉米。栽培方式有单作、与豆类或薯类间作和麦垄套种等，而以玉米与大豆间作较为普遍。

玉米病害有30多种，危害性较大的有大斑病、小斑病、丝黑穗病、青枯病、病毒病和茎腐病等。可以抗病育种、加强田间管理等措施预防。主要害虫有玉米螟、地老虎、蝼蛄、红蜘蛛、高粱条螟和黏虫等，一般用杀虫剂防治。

用途和加工

玉米用途较为广泛，籽粒不仅可作为粮食，还是多种轻工业产品的原料。茎、叶、穗和籽粒也是畜牧业不可缺少的优质饲料。

玉米籽粒中含有70%～75%的淀粉，10%左右的蛋白质，4%～5%的脂肪，2%左右的多种维生素。黄玉米还含有胡萝卜素，在人体内可转化为维生素A。每百克玉米热量为1527

焦耳，热量和脂肪的含量均比大米和小麦面粉高。一般玉米籽粒蛋白质中赖氨酸和色氨酸的含量不足，但通过育种可提高赖氨酸含量。玉米胚含油量达 36%～41%，亚油酸的含量较高，为优质食用油并可制人造奶油。玉米籽粒供食用和饲用，可烧煮、磨粉或制膨化食品。饲用时的营养价值和消化率均高于大麦、燕麦和高粱。蜡熟期收割的茎叶和果穗，柔嫩多汁，营养丰富，粗纤维少，是奶牛的良好青储饲料。

以玉米为原料制成的加工产品有 500 种以上。玉米淀粉既可直接作为食用，还可深加工成各种糖类，如葡萄糖、高果糖浆以及酒精、醋酸、丙酮、丁醇等多种化工产品。玉米淀粉还可用于纺织、造纸、医药、酿酒等工业。用玉米淀粉制成的糖浆无色、透明、果糖含量高，味似蜂蜜，甜度胜过蔗糖，可制高级糖果、糕点、面包、果酱及各种饮料。此外，穗轴可提取糠醛，秆可造纸及做隔音板等。果穗苞叶还可用以编织工艺品。

特殊类型的玉米有各种不同用途，如甜玉米和超甜玉米的青嫩果穗可鲜食，或冷冻储存，或加工制成罐头食

品；糯玉米除作鲜食外，常用于制糕点或酿酒；爆裂玉米可加工为玉米爆花食品。

20世纪70年代以来，世界上以玉米为原料的综合利用工业迅速发展，其中最主要的工业产品是玉米淀粉、玉米高果糖浆、玉米油以及玉米配合饲料等。中国生产的玉米主要用作饲料，约占总产的70％以上，还有一部分作为食用粮，约占总产的12％，用于工业加工的约占13％，以玉米为原料的综合加工利用潜力很大。

第五章

冷暖自知——棉花的起源

　　中国栽培棉有 4 个栽培种，即起源于亚非大陆的亚洲棉（又称树棉、中棉）和草棉（即非洲棉），起源于美洲大陆及其沿海岛屿的陆地棉和海岛棉。中国在南宋以前无"棉"字，只有"緜"或"绵"字，原指丝绵；后来棉花传播，借用称为"木绵"。到南宋《甕牖闲评》中才出现"棉"字。元代《王祯农书》中尚"绵""棉"混用，到明代则多作"棉"。

　　棉花简称棉：是锦葵科棉属植物；是重要的经济作物。一般为一年生亚灌木或小乔木。棉纤维是纺织工业的重要原料；棉籽含油分、蛋白质，是食品工业的原料；棉短绒还是化学工业和国防工业的重要物质资源。

起源与分类

　　棉花起源于近赤道的热带干旱地区，原始类型为多年生灌木或小乔木，种皮上的纤维短而稀少。经长期自然驯化和人工选择而成近代栽培棉。墨西哥的印第安人早在公元前5800年已懂得利用并栽培棉花。

栽培棉种主要分为四大类：①陆地棉。起源于中美洲和加勒比海地区。原为热带多年生类型，经人类长期栽培驯化，形成了早熟、适合亚热带和温带地区栽培的类型。这是目前世界上栽培最广的棉种，占世界棉纤维产量的90％以上。纤维长度为21～33毫米。细度为4500～7000米/克，商业上习称细绒棉。陆地棉又分8个类型，其中夫斑棉、马利加蓝特棉、尤卡坦棉、莫利尔棉、李奇蒙德氏棉、鲍莫乐氏棉和墨西哥棉7个类型为多年生，阔叶棉为一年生。现在世界主要产棉国广为种植的陆地棉均为阔叶棉这一类型。②海岛棉。原产南美洲安第斯山区，后传播到大西洋沿岸和西印度群岛。以纤维长（33～45毫米）而细（6500～9000米/克）、有丝光、强度高（4.5～6克）著称，商业上习称长绒棉。除一年生类型外，还有两个多年生变种：巴西棉和达尔文棉。中国西南地区生长的离核木棉和

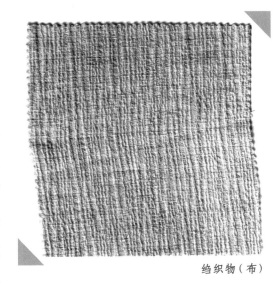

绉织物（布）

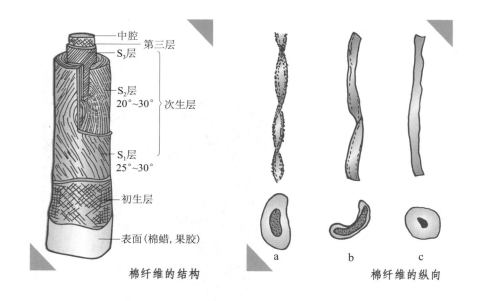

| 棉纤维的结构 | | 棉纤维的纵向 |

联核木棉，都属半野生状态的多年生海岛棉。③亚洲棉。又称中棉，是人类栽培和传播最早的棉种。种内又可分为6个地理－生态类型：印度棉、缅甸棉、垂铃棉、中棉、孟加拉棉和苏丹棉。其中印度棉和苏丹棉为多年生；缅甸棉多为多年生，也有一年生；其余类型为一年生。中国过去种植的是亚洲棉，其纤维粗短（15～25毫米），商业上习称粗绒棉，不适于中支纱机纺，且产量低，已于20世纪50年代为陆地棉取代，只在南方尚有零星种植。但亚洲棉具有早熟、耐阴雨、烂铃少、纤维强度高等特性，因而仍不失为重要的种质资源。它在印度和巴基斯坦仍有一定面积的栽培。④草棉。又称非洲棉。原产于非洲南部，分布于亚、非两洲，在进化过程中形成5个地理－生态类型：暗色棉、库尔加棉、威地棉、槭叶棉、

阿非利加棉。前三个为一年生，后两个为多年生。中国新疆和甘肃河西走廊曾种过库尔加棉类型，由于纤维粗短，商业上也称粗绒棉，已几乎绝迹。

野生棉种或栽培的野生类型常具有抗病、抗虫、抗旱、抗盐碱、耐寒及纤维强度高等性状，利用这些性状改良栽培种，是棉花育种的重要途径。

中国广东、贵州、台湾、福建等地生长的木棉，俗称攀枝花，与棉花不同种。其种子纤维不宜纺纱，只能作枕芯、床褥等填料。

中国植棉

中国植棉历史至少有2000多年。汉武帝（公元前140～前87年）时海南岛植棉与纺织已相当发达。在新疆民丰县的东汉古墓中多次发掘出棉布和棉絮制品。据考证，新疆至迟在公元2世纪末至3世纪初已利用棉纤维。在巴楚和

蜡染棉布（新疆民丰出土）

53

吐鲁番的晚唐遗址中多次发现棉籽，表明1000多年前在新疆已经广泛种植草棉。

中国植棉的历史，大约可分为4个阶段。

①多年生木棉的利用。中国最早提到棉花的古籍是《尚书·禹贡》篇，其中说："淮海惟扬州……岛夷卉服，厥篚织贝。"所述"卉服"，常被解释为用棉布做的衣服。此外，记述棉花的文献，还有《后汉书》《蜀都赋》《吴录》《华阳国志》《南州异物志》和《南越志》等。其中说的木绵树、吉贝木、古贝木、梧桐木、橦树、古终藤等可能指的是棉花。有

1956年在江苏省徐州市铜山县洪楼村出土的东汉
纺织画像石拓片

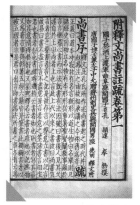

先秦散文

些古文献中记述的白叠，指的也是棉花，有时也指用棉织的棉布。华南、西南地区冬季气候温暖，棉在这里可以经冬不凋，因此可信5世纪以前文献中所指的棉是多年生木棉。

②一年生棉的引种。一年生棉在西北地区最早见于新疆。

高昌故城（唐朝）

据唐初纂修的《梁书·西北诸戎传》说："高昌国……多草木，草实如茧，茧中丝如细纑，名为白叠子。国人多取织以为布，布甚软白……"高昌为今新疆吐鲁番一带。新疆民丰县东汉墓出土文物中有 3 世纪时的棉织品，可能当地已有植棉。新疆巴楚县晚唐遗址中发掘到棉布和棉籽，经鉴定为草棉的种子，说明至迟在 9 世纪以前新疆已经种植草棉，当是从中亚细亚循丝绸之路传入的。后在甘肃河西走廊一带也有所栽培，但当时未向东扩展。

华南地区种植一年生棉花在《旧唐书·南蛮传》和《新唐书·南蛮传下》中就有记载。根据元代《王祯农书》记述，"一年生棉其种本南海诸国所产，后福建诸县皆有，近江东、陕右亦多种，滋茂繁盛，与本土无异。"说明一年生棉是从南海诸国引进，逐渐在沿海各地种植，进而传播到长江三角洲和陕西等地的。

③ 13世纪后植棉的发展。长江流域栽棉，最初从福建引入。南宋时江南有些地方已种植较多，并向黄河流域扩展。到元至元二十六年（1289），政府在浙东、江东、江西、湖广、福建分别设置专门机构——木绵提举司，提倡植棉，并命每年向百姓征收棉布10万匹。元贞二年（1296）又颁布江南税则，规定木绵、布、丝绵、绢4项同列为夏税征收的实物。到15世纪前期，棉花已传遍南起闽、粤沿海，北至辽东的广大地区。明邱濬在《大学衍义补》中说：棉花"至我朝，其种乃遍布于天下，地无南北皆宜之，人无贫富皆赖之"。原来中国的丝和麻是主要的衣被原料；到明中叶后，棉的地位已大大超过丝、麻。元初上海人黄道婆改革家乡的纺织工具和方法，生产较精美的棉布，推动了上海一带手工棉纺织业的兴起，也对长江三角洲的植棉业起了促进作用。江汉平原植棉业的兴起稍晚于长江三角洲。河南、山东、河北诸省约在16世纪中叶后才种植较多；陕西关中发展最晚，近百年间才兴盛起来。这一时期棉花的栽培技术和田间管理也日趋进步。明代《农政全书》记载"精拣核，早下种，深根短干，稀科肥壅"四句话，通称为"十四字诀"，总结了明末及以前的植棉技术。当时，长江三角洲已进行稻、棉轮作，以消灭

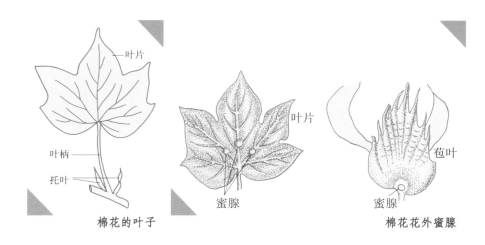

棉花的叶子　　　　　　　　　棉花花外蜜腺

杂草、提高土壤肥力和减轻病虫害；很多棉田收获后播种黄花苜蓿等绿肥，或三麦、蚕豆等夏收作物，创造了棉、麦套作等农作制，使植棉技术达到了新的高度。

④陆地棉的引种、推广。19世纪以前，除西北地区有少量草棉种植外，其他各地种的全为纤维较短的亚洲棉。19世纪后期机器纺织业在中国兴起，需要纤维较长的棉为原料。这时有西方传教士等零星携带陆地棉种子来华，散发给农家试种，但数量极少。大规模引种陆地棉的是清湖广总督张之洞。他于1892年及1893年两次从美国购买陆地棉种子，在湖北省东南15县试种。辛亥革命后，北洋政

张之洞

府农商部及山东、江苏等省也曾先后从美国输入陆地棉种子推广，但都未取得成果。1919 年，上海华商纱厂联合会从美国引进 8 个棉花品种，在全国 26 处进行比较试植，选定脱字棉和爱字棉两个品种在全国推广。1933 年中央农业实验所通过品种区域试验，选定斯字棉 4 号和德字棉 531 号两个品种，于 1937 年起推广；同时，又先后从美国引进隆字棉、珂字棉和岱字棉等陆地棉品种。到 40 年代末，陆地棉种植面积已占全国棉田总面积的 52％，主要分布在黄河中、下游各地。但在长江流域则大多仍种亚洲棉。直至 50 年代，亚洲棉才被淘汰，完全栽种陆地棉。海岛棉的引种始于 30 年代，近二三十年才在云南、新疆的南疆地区有较多栽培。

栽培管理

中国主要棉区的耕作制度大体有两种类型：黄河流域棉区北部及西北内陆棉区和特早熟棉区，多实行冬季休闲的棉花一年一熟制；长江流域棉区及黄河流域棉区南部，多实行冬作物（主要是麦类和油菜、蚕豆等）和棉花一年两熟制。其种植方

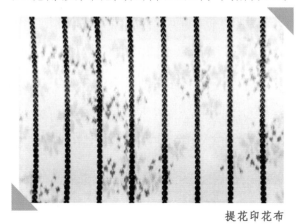

提花印花布

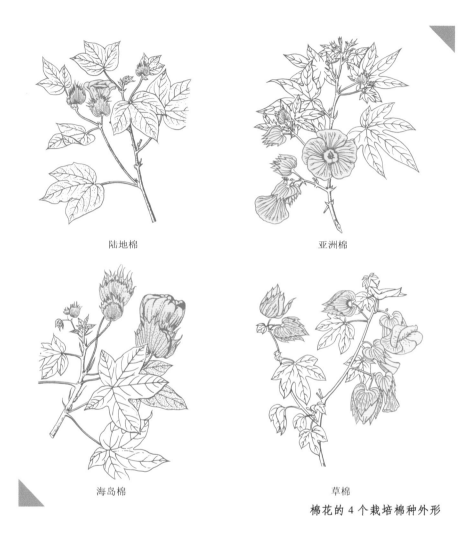

陆地棉　　　　　　　　　　　亚洲棉

海岛棉　　　　　　　　　　　草棉

棉花的 4 个栽培棉种外形

式，在一熟制棉田都实行单作，在两熟制棉田多行套种，少数与甘薯、玉米间作。棉花子叶肥大，出苗困难，而且发芽出苗期易遭病、虫、低温危害。保证出好苗的主要措施：①整好棉田，适墒播种。北方棉区春季干旱多风，要注意耙糙保墒，南方棉区春季多雨，要注意开沟排水。②选好棉种，进行种子处理，以利全苗。③适期播种（以5厘米地温稳定在14～16℃为宜），讲究播种技术，提高播种质量。也可采取育苗移栽，有利于争取全苗，克服两熟矛盾，对盐碱地与旱地的保苗以及提高良种繁殖系数有较大作用。实施地膜覆盖栽培技术，有利于获得早苗、全苗、壮苗，加快生长发育。种植密度要根据气候、水肥条件和品种特性而定，一般每亩4000～5000株；生长季节短的地区或旱地、瘠薄棉田可提高到6000～8000株以上。

棉花还具有无限生长习性和营养生长与生殖生长并期长的特点，栽培管理的关键在于科学运用肥水和耕作措施，以获取较高的纤维产量和质量。一般棉田宜多施有机质丰富的农家肥料作底肥，种植豆科绿肥对提高棉田肥力有良好作用。生长期宜施化肥或沤制过的速效有机肥作追肥，苗蕾期宜轻施，花铃期应重施（这时吸收的氮、磷、钾约占其一生吸收总量的60%～70%），以便及时满足棉株生长需要。

棉花生育期间需要消耗大量水分。每生产1千克干物质约耗水300～1000千克。生长期最适宜的田间持水量为65%～70%。花铃期需水最多，约占一生需水量的45%～60%，遇旱必须及时灌水。田间持水量在80%以上时，根的生长和吸收作用受到限制，在水位过高和多雨地区须开沟排水。为保持棉田土壤疏松，要及时中耕除草。土壤结构良好和富含有机质的棉田，可少中耕或免中耕，必要时配合施用化学除草剂以消灭棉田杂草。秋雨较多或常受风灾的棉区，在中耕时宜结合进行培土，以利防涝、防倒伏。中国棉农常运用看苗诊断技术来促进或控制棉株生育。

棉花生长期长，叶片多，花和叶均有招引昆虫的蜜腺，易受多种病虫害侵袭。中国有棉花害虫300多种，其中常见的有30多种，如棉蚜、小地老虎、绿盲蝽等。以保护和利用天敌，培育抗虫品种，药物防治等措施为防治的主要手段。棉花病害主要是棉花枯萎病和黄萎病，防治措施包括控制带病菌种子的传播，种植抗病品种，实行轮作倒茬和稻棉轮作等。

用途

棉花主要作为纺织工业原料，其利用价值取决于纤维品质。纤维长度是纤维品质中一项重要指标，纤维愈长，纺纱支数愈高；同时需要具有较好的纤维强度和细度。

彩色棉

根据纺织工艺要求，世界棉花生产按纤维长度可分为五类：①短绒棉（20.5 毫米以下）；②中短绒棉（20.6～26.0 毫米）；③中长绒棉（26.1～28.5 毫米）；④长绒棉（28.6～35.0 毫米）；⑤超级长绒棉（35.1 毫米以上）。棉纺织工业中需要量最大的是中长绒棉和长绒棉，超级长绒棉主要用于纺织优质细纱。短绒棉和中短绒棉主要用于纺粗纱，或作棉絮用。纤维强度一般以单纤维拉断的重力（克）为单位，陆地棉的强度约 3.5～4.5 克，海岛棉约 4.2～5.5 克。纤维细度一般用公制支数表示，即 1 克纤维的总长度（米），陆地棉的公制支数约 5000～6500 米 / 克，海岛棉 6500～8000 米 / 克。

安徽省淮北市某纺织企业的女工正在生产出口美国的纺织品

棉籽除留作种用外，80％以上用于榨油，脱壳后的棉仁含油率高达33％～45％，是世界上仅次于大豆的第二位重要食用油源。棉仁中还含蛋白质33％～38％，脱脂棉仁中含蛋白质45％～50％，并富含B族维生素。但由于棉仁色素腺中含有高活性的多酚类化合物——棉酚，对人和单胃动物有

棉酚

毒害，限制了棉籽蛋白的直接利用。采用育种手段培育的无腺体棉花品种，生产不含棉酚的种子，可使棉仁粉成为利用价值较高的食用蛋白。棉籽壳经化学处理可生产糠醛、酒精、醋酸等10多种化工产品和制活性炭，还可作真菌培养基，用来培育食用菌和药用菌。棉籽壳和棉秆均可用作树脂胶合板及造纸原料。棉根和棉籽中提取的棉酚，可制造治疗支气管炎的药物和男性避孕药品。

棉花在当今世界纺织纤维消费总量中占到将近一半的份额。中国是世界棉业大国，皮棉产量居世界第一位，原棉年消费量也居世界第一，占世界总消费量的1/3，占中国纺织工业原料总用量的60％以上。棉花及其为原料的棉纱、棉布、针织品以及服装等，已成为中国出口创汇最多的产业，占全国出口的1/4左右，且呈逐年上升趋势。

第六章

君子之交——茶与饮茶

中国是最早发现和利用茶的国家。茶的古称甚多。如荼、诧、荈、槚、苦荼、茗、菠等，在古代有的指茶树，有的指不同的成品茶。至唐代开元年间（公元 8 世纪），始由"荼"字逐渐简化而成"茶"字，统一了茶的名称。

起源

中国自古有"神农尝百草，日遇七十二毒，得茶而解之"的传说，虽无可稽考，但可说明知茶有用为时甚早。唐代陆羽在

湖北省随州市炎帝神农故里烈山风光——神农洞

其所作世界上第一部茶叶专著《茶经》中称："茶者，南方之嘉木也，一尺、二尺乃至数十尺，其巴山、峡川有两人合抱者。"不但描述了茶树的形态，而且指出茶产于中国南方。根据现代植物学考察资料，今云南、贵州、四川一带古老茶区中，仍

茶圣陆羽铜像

有不少高达数十米的野生大茶树，且变异丰富、类型复杂。世界山茶科植物绝大部分分布于云贵高原边界山区等地，可说明这里是茶的起源地。以后由于自然地理因素影响和人工选择的结果，才使同一茶属的野生茶树在系统发育中分化出不同的种类。现在云南西南地区大叶野生茶树分布相当普遍。而到了贵州、四川并进一步由西向东，由于人工干预的影响，茶树形态就由乔木而灌木、叶形也由大而小，现长江中下游以南地区分布的主要是中小叶茶树。

生产发展

茶的栽培起自何时，秦、汉前尚乏直接史料。茶被发现

69

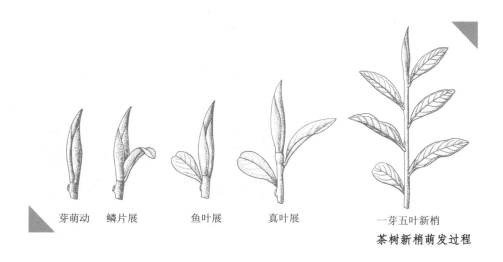

芽萌动　　鳞片展　　　　鱼叶展　　　　真叶展　　　　一芽五叶新梢

茶树新梢萌发过程

和利用初期，除用作药物外，也作为朝贡品和祭祀品。西汉王褒《僮约》中有"武阳做茶""烹茶尽具"之句，可见当时饮茶习惯已进入富贵人家日常生活。对茶日益增长的需要促进了茶的栽培和传播。早在秦代，茶已由四川传至陕西、甘肃、河南一带。后道教、佛教盛行，提倡饮茶，茶的消费益增。天台山、峨眉山和庐山等僧寺周围很早已开始栽茶。从东汉到南北朝的 500 多年间，茶树又进一步推广到淮河流域、长江中下游以至岭南各地。当时江南一带饮茶已成风尚。唐代中叶，饮茶之风已遍及南北。随着茶叶逐渐成为商品，出现了较大规模的手工制茶作坊、官办的"山场"和"官焙"。陆羽在《茶经》中说茶的品质"野者上，园者次"，指出了山地野生茶优于庭园栽培茶的品质，但栽培茶仍迅速发展。《茶经》系统介绍了唐代全国已划分的山南、淮南、浙西、剑南、浙东、黔中、江南和岭南八大茶区，所辖计33个州。当时茶叶的生产和贸易之盛，堪称中国茶叶史上的一个高峰。宋代茶的栽培又有扩展，南宋时已有66个州、242个县产茶。产量以四川的成都府路和利州路（广元一带）最多，约占全国

广西凌云县"全国无公害茶叶生产示范基地"，瑶家姑娘在采茶

湖南省岳阳"君山银针"茶基地

的半数，年产量约20多万担。元、明、清以后，茶叶生产继续增长，在福建、江西、安徽和浙江等地逐渐成为山区农村的一种主要副业。在茶叶生产发展的同时，封建统治者对茶的经济价值日益重视。唐德宗贞元九年（793）开始把茶的生产、贸易作为国家财政收入的一个来源。唐文宗大和九年（835）又实行"榷茶法"，对茶叶实行专卖，甚至强令茶树移植"官场"，严禁私自种茶、卖茶，引起人民反抗。宋代改行

宋代斗茶图

"茶引"法，允许商人运销，政府从中抽税。宋神宗熙宁七年
（1074）又实行茶马交易政策。但茶叶专卖制度在宋以后各代
均仍沿用。

鸦片战争后，中国沦为半封建半殖民地社会。外国商人
为了从茶叶贸易中谋利，将中国茶叶大量运销欧美，促进了
茶叶出口。至1886年，输出量达到260多万担的最高峰。当
时浙江、福建、安徽、江西和湖南、湖北茶树的栽培发展尤
快，福州、厦门、宁波、上海和汉口等地均有洋行经营茶叶
买卖。洋行买办和官僚资本家结成一体，控制内外市场，残
酷剥削茶农；加以英国人又在印度、锡兰（今斯里兰卡）大

量发展茶叶生产，至 20 世纪初，中国茶叶产量日减。后因战争影响，山区生态条件受到破坏，引起水土流失，更使茶叶生产大幅度下降。1946～1948 年间的年平均出口量仅 27 万担，全国总产量不到 100 万担。这种情况，直到中华人民共和国成立以后才发生根本性变化。现在，中国产茶区南起海南岛、北至山东胶东半岛，遍布全国 18 个省（自治区）。1985 年茶叶产量已达 820 多万担，外销茶达 280 多万担。

制茶技术

中国古代很早就对茶树的生物学特性以及适宜的生态条件有所认识。东晋杜毓《荈赋》有："灵山惟嶽，奇产所镜，厥生茗草。"唐、宋时期对宜茶之地和种茶方法等有许多记述。陆羽《茶经》记载种茶"法如种瓜"；"其地上者生烂石，中者生砾壤，下者生黄土"，指出了土壤不同

茶瓶（五代）

对茶树生长及品质的影响。古人还根据茶树性喜温湿环境的特性，总结出"名山出好茶"和"幽野产好茶"的实践经验。古茶书对茶树品种分类、茶叶采摘时间和标准都有不少记载，至今仍有参考价值。

73

　　茶叶最初是将鲜叶晒干或晾干后即"煮作羹饮"。秦、汉时采叶作饼，北魏时《广雅》中有"叶老者饼成以米膏出之"的记载。唐代制茶技术大有改进，已能制造蒸青团茶。宋时制茶之法愈精，出现片茶和散茶两大类。随"斗茶"之风兴起，也产生了许多名茶。元明代以来，由于制茶技术不断改进，逐渐形成绿茶、白茶、黄茶、黑茶、乌龙茶、红茶6大茶类。①绿茶：绿叶绿汤，多酚类全部不氧化或少氧化，叶绿素未受破坏，香气清爽，味浓，收敛性强。制作工艺上主要采用高温杀青以破坏酶促作用。②黄茶：黄叶黄汤，酯型儿茶素大量减少，香气清悦，味厚爽口。加工中采用闷蒸过程，在破坏酶作用前提下，多酚类可在温热条件下进行非酶性的自动氧化。③黑茶：叶色油黑或

采摘龙井茶

杭州龙井开茶节上，茶农们现场炒茶

褐绿，汤色褐黄或褐红，香气纯，味不涩。制作的主要特点是有渥堆变色的过程，以充分进行非酶氧化，从而使较粗老的鲜叶原料制成具有该茶类特有的品质特征。④白茶：白色茸毛多，汤色浅淡或初泡无色，滋味鲜醇，毫香明显。制茶时不炒不揉，只有一个自然萎凋过程，既不破坏酶促作用而制止氧化，也不促进氧化，听其自然变化。⑤青茶：叶色青绿或边红中青，汤色橙黄或金黄，香气馥郁芬芳，滋味浓醇鲜爽。制作特点是采用独特的"做青"工序，整个工艺则介于红、绿茶之间，使多酚类轻度或部分逐渐氧化。⑥红茶：红叶红汤，即黄红色，以红艳色为佳，香甜味醇。制作关键是渥红（发酵）以促进酶活性，使多酚类充分氧化。

茶叶也有按产地分的，如浙江龙井茶、祁门红茶、武夷岩茶等；按形状分的，如眉茶、珠茶、片茶、尖茶等；按茶树品种分的，如水仙、铁观音等；按销路分的，如外销茶、内销茶、边销茶、侨销茶等；按采制季节分的，如春茶、夏茶和秋茶；按发酵程度和发酵先后分，如发酵茶、半发酵茶、后发酵茶、微发酵茶和不发酵茶；还可按加工原理分为酶性氧化茶、非酶性氧化茶。

有将红、绿、黑茶以外的各种茶统称特种茶类，把压制成型的茶概称为紧压茶类，把经鲜花窨制的茶合称为再加工茶类。

此外，以优良的茶树品种，优越的自然条件，巧妙的采制技术加工而成的茶叶，称为"名茶"。其品质优异，既有突出特殊的外形又有各具一定的良好规格及内在品质（简称内质），如杭州西湖的龙井茶、福建安溪的铁观音、江苏洞庭碧螺春、安徽黄山毛峰、浙江顾诸紫笋、湖南洞庭湖君山银针、安徽祁门工夫红茶等。

传向国外

中国茶向世界其他国家传播，有史料记载的以日本最早。隋文帝开皇年间（581～600），中国饮茶风俗随佛教文化传入日本。唐德宗贞元二十一年（805），日本僧人最澄禅师来浙江学佛，回国时携回茶籽种植于滋贺县今池上茶园，此后茶树栽培在日本就逐渐由此向中部和南部传播。南宋孝宗乾道五年（1196），荣西禅师又由浙江带回茶籽种于佐贺县，使日本种茶事业进一步发展。828年朝鲜使者金大廉由中国带

中华茶文化发祥地——长兴顾渚山茶园
（浙江 湖州）

回茶籽种于智异山下的华岩寺周围，茶叶生产也得以开始。亚洲其他国家如印度尼西亚等自18世纪起才从中国引入茶籽开始茶叶生产，19世纪中叶始有较大发展。非洲则在19世纪50年代前后开始发展种茶，20世纪才获得较快发展。欧洲虽早在13世纪马可·波罗来中国时已知饮茶之事，但直至17世纪初才开始从中国购买茶叶。俄国从中国引入茶籽的时间更迟，1883年才开始大面积种植。20世纪80年代全世界产销茶叶的国家已达100多个。茶园面积为7600万亩，总产量1.3亿担。以产量言，88%左右集中在亚洲，其中以印度、中国最多。非洲产茶量约占10%，其中以肯尼亚最多。除中国和日本大量生产绿茶外，其他国家几乎都生产红茶。红茶约占世界茶叶总产量的80%，其中红碎茶占红茶中的98%左右。全世界生产茶叶总量中的一半左右供作国际茶叶市场上贸易，有20多个国家以茶叶作为出口商品，其中主要输出国是印度、斯里兰卡、中国、肯尼亚等，约占世界贸易总量的85%。国际茶叶市场贸易总量的90%为红茶，10%为绿茶、乌龙茶、花茶及其他特种茶，后者主要由中国输出。因此，所谓国际茶叶市场实质上是红碎茶市场。国际性的大宗茶类——红碎茶不仅质量高，生产的机械化水平也很高。以斯里兰卡、印度、肯尼亚为领先。茶已成为许多国家人民日常生活中不可缺少的重要饮料。

第七章

缕缕金丝——麻与麻的种植

中国古代种植的麻类作物，主要是大麻和苎麻；苘麻、黄麻和亚麻居次要地位。大麻、白叶种苎麻（又称中国苎麻）和苘麻原产中国。大麻至今还被一些国家称为“汉麻”或“中国麻”，而苎麻则被称为“中国草”或“南京麻”。

起源和传播

中国利用和种植麻类作物的历史悠久。在新石器时代的遗址中，就有纺织麻类纤维用的石制或陶制纺锤、纺轮等。浙江吴兴钱山漾新石器时代遗址中出土了苎麻织物的实物，证明中国利用和种植麻类，至少已有四五千年之久。

从文字记载看，金文中有“麻”字，作“麻”。这时的“麻”系指大麻。直到三国之前，“麻”一直是大麻的专名，以后才成为麻类的共名。在《诗经·陈风》中也有“东门之池，可以沤麻”和“东门之池，可以沤纻”等句，其中的麻指大麻，纻指苎麻。其他如《尚书》《礼记》《周礼》等古籍中，也有不少关于大麻和苎麻的记载，都说明中国种麻的久远历史。

苘麻古称"檾"或"蓒"。《诗经·卫风》"衣锦褧衣"句中的"褧"字，据后汉许慎和唐代陆德明等解释，即指"蓒"，反映苘麻的

苎麻植株

利用和种植至少已有 2500 年的历史。亚麻在古代曾称"鵶麻"，黄麻称为"络麻"或"绿麻"，有关这两种麻的早期记载见于北宋《图经本草》，说明在中国的种植至少也已有 1000 年左右。大麻大约在公元前由中国经中亚传到欧洲。苎麻在 18 世纪也已传到欧洲。

产区的扩展

先秦时期，大麻和苎麻主要分布在黄河中下游地区。据《尚书·禹贡》记载，当时全国九州的青、豫二州产枲（大麻），扬、豫二州产纻（苎麻），均作贡品。自汉至宋，大麻和苎麻的生产均有很大发展。大麻仍以黄河流域为主要产区，但南方也有推广。汉代在今四川和海南岛、南朝宋在国内曾

大麻植株

推广种植大麻。到唐代，大麻在长江流域发展很快，在今四川、湖北、湖南、江西、安徽、江苏、浙江等地已广泛种植，成为另一重要大麻产区。此外，云南和东北部分地区也有大麻种植，当时渤海国显州的大麻布就较有名。至宋元时期，大麻在南方渐趋减少。至于苎麻，汉代在今陕西、河南等地较多，今海南岛和湖南、四川等地也有分布。至迟在三国时，今湖南、湖北、江苏、浙江等地苎麻已有很大发展，一般能够一年三收。自唐开始，南方逐渐成为苎麻的主要产地。以苎麻为贡品的也主要在南方。宋元时期，苎麻在北方有一定减缩，但在南方沿海地区则有较大发展，形成北麻（大麻）南苎的一般趋势。宋末元初，棉花生产在黄河流域和长江流域逐渐发展，麻类作物的发展因此受到很大影响。但明清时期仍对麻类的生产有所提倡，清代在江西、湖南等地又形成了一些新的苎麻产区。

苘麻、亚麻和黄麻在古代麻类作物中的比重都较小，苘麻和亚麻主要在北方种植，黄麻则主要分布在南方。总体状况是分布不广，处于零星种植状态。

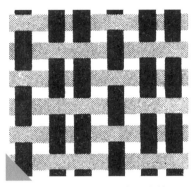

普通麻纱组织

灞桥纸残片（汉朝，西安市
灞桥砖瓦厂出土）

用途的多样化

　　中国古代主要是利用麻的纤维织布，麻布是棉布普及前一般人民最主要的衣着原料。麻纤维还很早就被用作造纸原料，1957年曾在西安灞桥西汉早期墓葬中发现一片麻纤维制成的残纸，说明在东汉蔡伦以前，可能已知用麻纤维造纸。此外，麻纤维还被用来制作毯被、雨衣、麻鞋等。麻类作物的某些部分在古代也作食用。汉以前曾把大麻子列为五谷之一。明、清时苎麻的根和苘麻籽都是救荒食物。一些麻类作物的种子常被用作饲料和肥料，榨油供食用或作

郧县庸调麻布

涂料、燃料。大麻的籽和花、苎麻的根和叶、亚麻籽和黄麻叶还都可供药用。

栽培技术

中国古代在大麻和苎麻的栽培技术方面，都有丰富经验。《管子·地员》篇中提出"赤垆"和"五沃之土"适宜种麻，说明至迟在战国时期已对适宜大麻生长的土壤有所认识。大麻是雌雄异株植物，古时雄麻称枲，雌麻称苴；雄麻以利用麻茎纤维为目的，雌麻以收籽为目的，二者的栽培技术各不相同。《吕氏春秋》"审时""任地"两篇中都提到种麻，但未指明是纤维用还是籽实用。大麻的食用和衣着用在古代都同样重要，以后随着芝麻、花生等的扩种，食用大麻日益减少。而衣着用大麻也因棉花的扩种，逐渐转为造纸等原料。

苎麻有有性繁殖和无性繁殖两种繁殖方法，据明代《农政全书》的记载已知二法各有利弊，各有所用。无性繁殖有分根、分株和压条 3 种方法，19

徐光启《农政全书》手稿

世纪末已注意到苎麻种根的选择，分株和压条最早见于《农桑辑要》。当时常把这 3 种方法综合运用于老苎园的更新和新苎的繁殖。为了保护麻苑安全越冬，古代多用粪肥壅盖，以防冻、施肥。用来培壅的肥料有牛马粪、糠秕、灰、塘泥、厩泥、杂草和破草席等。关于苎麻的收获，《士农必用》指出"收苎作种，须头苎方佳"，已认识到头苎养分完全集中在母株上，可使籽实的生长更为良好。麻皮的收获方法则因不同的繁殖方法而异。用种子繁殖的，据《群芳谱》说"子种者三四年之后，方堪一刈，切忌太早"。无性繁殖的，据《种苎麻法》说"本年春新栽（分根）之麻，至五月间，仅长尺许，宜尽行砍伐，至秋始可剥"，说明要比有性繁殖的快得多。

用途

用苎麻、黄麻、亚麻、大麻等种类原料织制而成的麻织物一般用于服装、装饰、国防、工农业用布和包装材料等。亚麻织物使用最早，在

麻织物

埃及已有 8000 年左右的历史。中国在公元前 4000 多年前开始用葛藤纤维纺织成葛布，逐渐用大麻、苎麻取代。在公元

前 27 世纪出现了苎麻织物。大麻和苎麻布极盛于隋唐时代。因苎麻布较精细，有挺爽凉快感，几千年来专门用作夏服和蚊帐。明清时代称手工生产的苎麻布为夏布，闻名中外。麻织物大多具有吸湿、散湿速度快、断裂强度高等特性，穿着感觉凉爽、耐久、易保存、不霉不烂。麻纤维整齐度差，集束纤维多，成纱条干均匀度较差，织物上呈现粗节纱和大肚纱，这种纱疵构成了麻织物的独特风格。麻织物大多以纯纺为主，也有与化学纤维混纺、交织，如涤纶与苎麻、涤纶与亚麻、黄麻与丙纶扁丝等。

黄麻织物是以黄麻及其代用品槿麻或苘麻纤维为原料织制成的织物。苘麻纤维粗硬，可纺性差，已趋于淘汰。黄麻织物能大量吸收水分，散发速度快，透气性良好，断裂强度高，宜作麻袋、麻布等包装材料和地毯的底布。织物粗厚，用作麻袋等包装材料时，在储运中耐摔掷、挤压、拖曳和冲击而不易破损，如使用手钩而拔出后，麻袋孔自行闭合，不致泄漏或洒散袋装物资。用黄麻麻袋盛装粮食等物，临时受潮能很快散发对物资有保护作用。如长期受潮或经常洗涤会失去其强度。黄麻麻布还可作沙发、车辆顶蓬的衬布和幕帷等。

亚麻织物是以亚麻纤维为原料织制的织物。现代胡麻、大麻等织物因规格、特性、工艺相近也归入此类。亚麻织物具有吸湿、散湿快，断裂强度高及其伸长小，防水性好，光

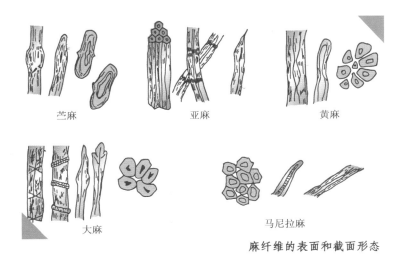

苎麻　　　　　　　亚麻　　　　　　　黄麻

大麻　　　　　　　　　马尼拉麻

麻纤维的表面和截面形态

泽柔和，手感柔软。宜作服装、装饰、国防和工农业特种用布。但亚麻织物抗皱和耐磨性差，折缝处易磨损，穿前先烫浆。亚麻纤维整齐度差，成纱条干不良，在织物表面有粗细条痕和大肚纱，形成了其独特风格。它分细布和帆布；细布以纯纺为主，色泽以漂白居多，还有棉经麻纬交织布、涤纶和亚麻混纺细平布等，宜作夏令服装和床单等；帆布以干纺短麻纱为主织制，用作防水帆布、帐篷布等。

第八章

甜蜜的事业——甘蔗的种植

　　甘蔗有 3 个原始栽培种：中国种（又称竹蔗）、热带种和印度种。中国是中国种的原产地。栽培历史悠久。竹蔗及其野生种割手蜜（甜根子草）在北起秦岭、南至海南岛的地区内均有广泛分布。

起源与分布

　　禾本科甘蔗属多年生草本。主要的糖料作物。世界食糖产量中，蔗糖约占 60％。世界甘蔗栽培种有 3 个原种：热带种、中国种、印度种。中国是最古老的种甘蔗国之一，其栽培和制糖技术从中国传到东南亚、中东、地中海、西班牙、美洲以及大西洋岛屿。18 世纪后遍及全世界。现主产区在南北纬 25° 之间。中国主要分布于长江以南各省（区）。

　　公元前 4 世纪后期《楚辞·招魂》中提到"柘浆"，公元前 2 世纪司马相如《子虚赋》有"诸柘"一词，"柘"和"诸

《楚辞》书影（宋嘉定六年刻）

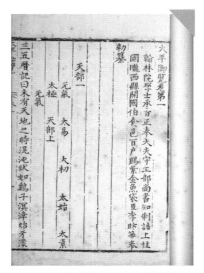

《太平御览》（明万历刻本）

柘"都是甘蔗的古称，说明中国很早已知食用蔗浆。甘蔗还有其他古称，薯、藷、藷蔗、竿蔗等，都是从甘蔗最早的利用形式——"咀咋"时的音义演化而来的。中国古代还用甘蔗作祭品，《太平御览》引东晋卢谌《祭法》中有"冬祀用甘蔗"的记载；范汪《祠制》中有初春祭祀用甘蔗的规定，也都反映出中国是最早利用甘蔗的国家之一。

栽培的发展

中国的甘蔗栽培经历了从华南地区逐步向北推移的过程。汉代以前已推进到今湖南、湖北地区，到唐宋时代，甘蔗已分布于今广东、四川、广西、福建、浙江、江西、湖南、湖

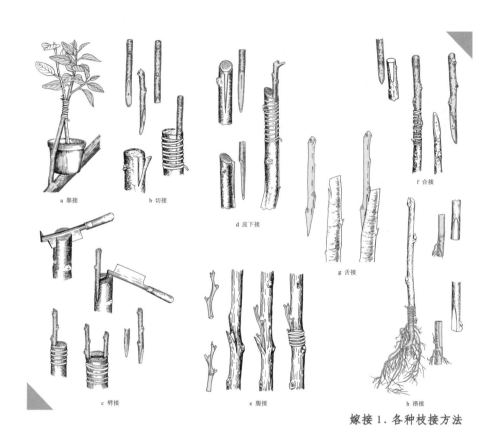

a 靠接　　b 切接　　d 皮下接　　f 合接　　g 舌接　　c 劈接　　e 腹接　　h 搭接

嫁接 1. 各种枝接方法

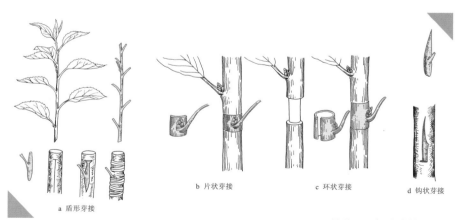

a 盾形芽接　　b 片状芽接　　c 环状芽接　　d 钩状芽接

嫁接 2. 各种芽接方法

北、安徽等省区，且已有商
人进行运销；明、清时，甘
蔗分布北进至今河南省汝南、
郾城、许昌一带，范围更加
广泛。

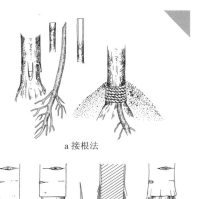

a 接根法

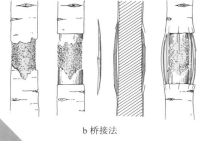

b 桥接法

嫁接 3. 嫁接在救伤防衰方面的应用

　　关于中国古代甘蔗栽培
技术，汉代以前缺乏具体记
载。三国以后直至唐代主要
栽培春植蔗，已能根据品种
的特性，因地制宜地分别栽
培于大田、园圃和山地，并
已注意到良种的繁育和引种。宋元以后，随着甘蔗加工利用
技术的发展，甘蔗在农作物中的地位有所提高，栽培方法也
更加进步。在耕作制度方面采用与谷类作物轮作为主的轮作
制，有的地方种谷三年再回复种蔗，以恢复地力和抑制病虫
害。种蔗土地强调"深耕""多耕"。选种强调"取节密者"，
以利多出芽。在灌溉方面也积累了不少宝贵经验，如元代
《农桑辑要》提到栽蔗后必须浇水，但应以湿润根脉为度，不
宜浇水过多，以免"潏没栽封"，即要防止浇水过多，破坏土
壤结构。到明代时，甘蔗栽培技术又有发展。如《天工开物》
提到下种时应注意两芽左右平放，有利于出苗均匀；《番禺县
志》述及棉花地套种甘蔗，可以提高土地利用率和荫蔽地面，

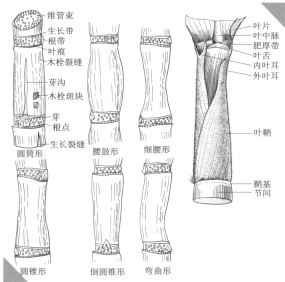

甘蔗的节、节间及叶的各部分

抑制杂草;《广东新语》介绍的用水浸种，待种苗萌芽后栽种，以及剥去老叶，使蔗田通风透光等经验，至今仍有参考价值。

甘蔗喜光、喜热，自萌发至糖分积累的最适宜温度都为30℃。在30℃时发芽成苗的甘蔗，当季产量和宿根蔗产量均高，且品种不易退化。强光不仅有益于甘蔗长粗和分蘖，也可促进糖分的形成和积累。甘蔗喜水又怕水，对土壤要求不严，较耐盐，以含有机质丰富的中性偏微碱的沙壤到黏壤为好。最喜钾肥，但其他元素也不可缺。

甘蔗栽培有新植和宿根两大类。在中国两类的比例目前约为 1∶1，其他国家一般宿根多于新植。新植中又分春植、夏植、秋植、冬植，因地而异。中国实行育苗移栽，既便于轮作倒茬又有利于甘蔗增产和糖分积累。

加工利用的进步

至迟在战国时，已从直接用口咀嚼茎秆而吸饮其汁，发展到用简单工具榨取蔗浆，作饮料或用于烹调、解酒。以后进一步把蔗浆加工浓缩为"蔗饴""蔗饧"和"石蜜"。前两者仍属液态糖，后者已是固态糖。汉代《异物志》说石蜜"既凝，如冰，破如博其（应为博碁，即棋盘）"，可知石蜜应是片糖之类的加工品。《西京杂记》曾述及"闽越王献高帝石蜜五斛"，说明公元前 3 世纪以前，中国已能生产"石蜜"。湖南省马王堆一号西汉墓出土的简牍有"唐（糖）一笥"的记载；出土的竹笥中也有"糖笥"木牌。当时的糖能储放在竹笥中，说明应是固态蔗糖。

关于砂（沙）糖的产生，历史上有过长期的争论。宋代陆游《老学庵笔记》中曾引茂德的话，认为"沙糖中国本无之，唐太宗时外国贡至……自此中国方有沙糖"。此后谈论中国蔗糖历史者，多以此为据，认为中国蔗糖制造始于唐太

陆游像

宗时代，而制造技术则从当时外国摩揭陀传入。但另外也有文献可证，汉代已出现"沙糖"一词，东汉时张仲景曾用以调制"青木香丸"。南北朝时陶弘景《本草经集注》则有"取（蔗）汁为沙糖甚益人"的记载。均说明在唐太宗以前中国早有砂糖生产，可能是唐太宗时派人学习摩揭陀的先进制糖技术，使中国砂糖的质量得到了提高。白砂糖的记载，始见于《旧五代史》，《天工开物》则详细地记载了白糖的生产方法。

冰糖又名糖冰或糖霜，宋代王灼《糖霜谱》认为冰糖的

制造方法是唐大历年间由僧人邹某传授给遂宁蔗农的。宋代冰糖生产已很普遍，而以遂宁地区最为著名，生产的大块冰糖重达 10 ~ 15 千克。

　　中国古代除用甘蔗制糖外，还用来酿酒、造醋、造纸、制香料等。《隋书·南蛮传》有赤土国"以甘蔗作酒"的记载。利用蔗渣造醋，见于《糖霜谱》中，说明这种利用方式至迟在 12 世纪以前已经产生。

第九章

桃李不言——果树的栽培

在以采集、渔猎经济为主的原始社会，某些树木的果实已是人类赖以生存的食物来源之一。中国的一些新石器时代遗址中就有果实、果核出土。如浙江河姆渡遗址出土有大量的橡子和酸枣核，西安半坡遗址出土有栗、榛和松子，吴兴钱山漾遗址出土有甜瓜子、菱、酸枣核和毛桃核等。商代已出现栽培果树、蔬菜的园圃；西周至春秋时期园圃已相当普遍；秦、汉之际有了商品性的果树栽培，还出现了一些果品贸易的集散地。经历代相沿，留下了丰富的种质资源和宝贵的栽培技术。

种类、品种和产区

关于果树包括的种类和范围，由于古代往往把粮食作物外所有果实或种子可食的植物，甚至把一些球茎可食的植物都归入果类，因此包涵较广。明代将它们分为核果（枣、杏

等）、肤果（梨、李等）、壳果（栗、核桃等）、桧果（松子、柏仁等）和角果（豆类）5类，或分为肤果

（梨、李、梅、柰等）、壳果（栗、核桃、荔枝等）、蓏果（瓜类）和泽果（莲、慈姑等）4类。见于历代古籍记载的果树种类至少在70种以上。先秦时期栽培的果树主要有核果类的桃、李、梅、杏、枣，坚果类的栗、榛和常绿果树中的柑橘等。到了汉代，南方原产的荔枝、枇杷、龙眼、香蕉等也有了栽培。汉武帝时张骞出使西域，进一步沟通了与西方的陆上交通，一些原产新疆和国外的果树，如绵苹果、葡萄、核

桃、石榴等被陆续引进栽培于中原一带。唐代和国外的交通也很发达，又引进了扁桃、油橄榄、阿月浑子以及无花果等。及至明代，海上交通进一步发展，又从海路陆续引进了菠萝、番木瓜、芒果等。至于西洋苹果、西洋梨和西洋樱桃等则是清代后期通过外国传教士引进的。

果树选种方面，秦、汉文献中已有关于桃、李、枣等果树的不同品种的记载。

不同的果树种类在不同历史时期的自然、经济条件下，形成了许多有名的果树产区。如：秦汉之际安邑的枣，燕秦的栗，蜀汉江陵的橘；唐代江苏洞庭东西山的柑橘，四川的荔枝；宋代河北良乡的板栗，福建福、兴、泉、漳四郡的荔枝等。明、清时期，太湖地区形成水蜜桃产区；珠江三角洲则发展为中国热带、亚热带果树的生产基地，荔枝、柑橘、香蕉、菠萝成了这一地区的四大名果。

栽培技术

实生繁殖是人类开始栽培果树时首先采用的方法。但古代人民早就观察到许多果树经实生繁殖后会产生劣变现象，如《齐民要术》注称："每梨有十许子，唯二子生梨，余皆生杜"；奈和林檎"种之虽生，而味不佳"等。在南北朝时期实生繁殖法仅有：选择地应用于少数几种变异较小的果树如板栗、桃等。自根营养繁殖法在汉代文献中已见记载。南北朝时期大部分果树采用分株、压条和扦插方法繁殖。这一时期嫁接繁殖技术也已达到相当高的水平，可称为1400多年前古代农业技术发展上的一大成就。当时已知嫁接繁殖可以保持品种的优良特性和提早结果；并知宜从"美梨"上选取向阳的枝条充作接穗，用作接穗的枝条的着生部位不同，可影响嫁接苗长成后的树形和结果年龄的早迟；同时，所用砧木的树种不同，对嫁接苗也会产生不同影响；嫁接时间则以"梨叶微动"（萌发）时为宜。对具体操作方法，当时已注意到"木边向木，皮还近皮"，即做到使接穗和砧木的形成层密接，接后要封土，保持湿润，以利于成活。至唐代末年，又进一步认识到嫁接亲和力取决于砧木与接穗间的亲缘关系。"砧"这一名称也是这一时期的文献中首次提出的。宋、元之际，

果树嫁接

果核

果实及其纵切面　　全形　　花序

棕枣形态

枝接有多种多样的操作方法，此外还出现了芽接。

在果树疏花、修剪、防治虫害等方面，古代也创造了许多可贵的经验。如南北朝时已注意到果树开花过多与坐果率之间存在矛盾。对枣树采取了"以杖击其枝间，振去狂花"的措施，认为："不打，花繁，不实不成。"此外，还创造了用斧背击伤果树皮，阻碍养分分流下行，以提高坐果率的"嫁枣法"，可说是现代疏果和环状剥皮技术的起源。关于果树修剪，较早的见于宋代

《橘录》中有关柑橘修剪的简要叙述，指出修剪是"删其繁枝之不能华（花）实者"，目的在于"以通风日，以长新枝"。《南方草木状》中载有利用猄蚁防治柑橘害虫的方法，说明利用生物防治法消灭果树害虫，在中国已有千年以上历史。唐代文献中首次记载了用人工钩杀法防治天牛一类害虫的方法。宋代又创造了类似今日套袋的方法，用以防治害虫。在果树防寒防冻方面，南北朝有冬季葡萄埋蔓，板栗幼苗"裹草"，以及熏烟防霜等方法。

第十章

萝卜白菜各有所爱——蔬菜的种植

　　早在新石器时代，野菜就是人类采集的对象之一。中国已发掘的一些新石器时代遗址，如浙江余姚河姆渡遗址中出土有大量的瓠和菱角，浙江吴兴钱山漾遗址中出土有菱角和甜瓜籽等，说明当时已知采集这些植物食用。

　　甘肃秦安大地湾新石器时代遗址和西安半坡遗址出土有芸薹属（可能是油菜、白菜或芥菜）种子，说明有些地区在七八千年前已开始栽培蔬菜。到了西周和春秋时期，《诗经》中有不少有关蔬菜的诗句，反映当时有了专门栽培蔬菜的菜圃，同时还在春夏两季将打谷场地耕翻后用来种菜等。

蔬菜种类的变化

　　中国古代对草菜可食用的总称为"疏"。汉代以后加"艹"作为"蔬"，在汉代以前文献中的蔬字均为后代所改。此外，"蔌"字古通"蔬"，见于《诗经·大雅》。据《尔雅》

解释："菜谓之蔌。"注谓："蔌者菜茹之总名。"汉代以前利用的蔬菜种类颇多，但属于栽培的蔬菜当时只有韭、瓠、瓜（甜瓜）、姜、笋、蒲等中国原产的少数种类。东汉时增加到 20 多种，以后又陆续增加，南北朝时达 30 余种。其后到元末的数百年间，一直未超过 40 种。明、清两代增加较快，到清末、主要栽培蔬菜种类将近 60 种，其中既有高等植物，也有属于低等植物的食用菌类，还有丰富多彩的水生蔬菜。

各类蔬菜在栽培蔬菜中的组成历代变化很大。栽培蔬菜种类一方面代有增加，另一方面也有不少曾作为蔬菜栽培的种类以后却退出了菜圃。如古代用作香辛调味料的栽培蔬菜种类除葱蒜类和姜外，汉代栽培的还有紫苏、蓼和蘘荷，南

番茄在清朝后期才开始推广种植

北朝时又增加了兰香、马芹等；但到了清代，除葱蒜类和姜外，其余各种在农书中已很少提及。又如术、决明和牛膝，在唐代都曾作为蔬菜栽培，但不久就转为药用。历代都有栽培的蔬菜，在不同的历史时期，在栽培蔬菜中所占的比重也不尽相同。如葵和蔓菁是两种很古老的蔬菜，早在《诗经》中已见著录，汉代即颇受重视，南北朝时是主要的栽培菜种；到隋、唐以后却逐渐退居到次要地位，到了清代，仅在个别省区有栽培。另外，两种古老蔬菜菘（白菜）和萝卜，虽在早期未受重视，南北朝时仍属次要蔬菜；但隋、唐以后，地位逐渐提高，到清代终于取代葵和蔓菁，成为家喻户晓的栽培蔬菜。

形成这种变化的原因是多方面的：①蔬菜的引种驯化和品种选育工作不断取得新成就，是最主要的原因。一方面，中国原有的野生蔬菜资源陆续被驯化、栽培利用。如食用菌

类早在先秦时已被认识，一直是采集野生的供食用，到唐代有了人工培养；白菜在南北朝时北方还很少栽培，以后经过不断选育改良，出现了乌塌菜、菜苔、大白菜等许多不同的品种和类型，因而栽培日盛。另一方面，张骞通西域后从国外的引进大大丰富了栽培蔬菜种类。其中有些种类引进后经长期精心培育，又形成了中国独特的类型。如隋代时引进的莴苣，到元代已形成了茎用型莴苣；又如茄子在南北朝时栽培的只有圆茄，元代育成了长茄，日本栽培的长形茄子就是19世纪末20世纪初时从中国引去的。②栽培技术不断改进。如结球甘蓝早在16世纪下半叶即已传入中国，但长期未得推广；直到20世纪初解决了栽培中经常出现的不结球问题，才发展成为仅次于白菜的重要蔬菜。③社会需求的变化。如辣椒和番茄都在明代后期传入中国，辣椒因是优良的香辛调味料，适合消费需要，因而推广很快，清代中叶已在许多地方作为蔬菜栽培；番茄却长期被视为观赏植物，直至近代了解了它的营养价值后才作为蔬菜栽培，至今只有数十年的历史。

周年供应的措施

蔬菜是人民生活中的主要副食品，自古就有"谷不熟为饥，蔬不熟为馑"的说法。为了解决蔬菜的周年供应问题，历史上采取过以下一些行之有效的措施：①保护地栽培。早

韭菜

在汉代都城长安的宫廷中已有"园种冬生葱蒜菜茹，覆以屋庑，昼夜爇（古燃字）蕴火，待温气乃生"的设施，以解决冬季蔬菜供应，这一做法可说是现代温室栽培的雏形。唐代由于利用温泉热水栽培蔬菜，农历二月中旬已有瓜类供应。元代又有风障阳畦的应用。明、清两代，在京师北京出现了类似现代土温室的栽培设施，因而春节时已有黄瓜应市。②分期分批播种。葵在古代是大众化的主要蔬菜，为了解决新鲜葵菜的常年供应，早在汉代就采取一年播种3次葵的做法。南北朝时期又发展为在不同的田块上分批种葵。到了唐代，城郊菜圃中一地多收和种类多样化的措施进一步发展。③合理选择品种。为了解决蔬菜的夏季淡季问题，宋代已选种耐热的茄子以缓和夏菜供需矛盾。元代育成了白菜与萝卜的比较耐热的品种。明、清之际，更进一步致力于选育和引种适宜夏季栽培的蔬菜，从而逐步形成了以茄果瓜豆为主的夏菜结构。④改进储藏方法。储藏是解决冬季鲜菜供应的有效途径。中国古代储藏鲜菜的方法主要是窖藏，汉代文献中已有有关记载。南北朝时黄河中下游一带采用的是类似今日"死窖"的埋藏法。此后不断改进，明代已出现了接近今日所称"活窖"的菜窖。

生产和管理

集约生产是中国古代蔬菜生产的优良传统。南北朝时期就强调菜地要多耕、熟耕。并且根据蔬菜一般生长期短，产品分批采收，而且柔嫩多汁的特点，逐渐形成了畦种水浇，基肥足，追肥勤的栽培管理原则。畦种法出现于春秋、战国时期。北魏《齐民要术》已总结出畦种有便于浇水、可避免操作时人足践踏菜地、菜的产量高等优点。实行间、套作，以提高复种指数，最先也是在蔬菜生产中发展起来的。西汉时已有在甜瓜地中间作薤与小豆藿的做法。到南北朝时，不仅在一种蔬菜中间作或套作另一种蔬菜，而且还在大田作物中套作蔬菜；到清代，已有蔬菜与粮食作物以及经济作物的套作。

独特的栽培技术

中国古代针对不同蔬菜的生物学特性而创造的栽培技术十分丰富多彩。如南北朝时适应甜瓜在侧蔓上结果的习性，采取高留前茬，使瓜蔓攀援在谷茬上，以多发侧蔓多结瓜的特殊种瓜法。到了清代，由于掌握了各种不同瓜类的结果习性，分别采用葫芦摘心而瓠籽不摘心，甜瓜打顶而黄瓜不打顶的整蔓方法，蕹菜性耐水湿，晋嵇含《南方草木状》中有"编苇为筏，作小孔，浮于水上，种子于水中，则如萍根浮水面，及长，茎叶皆出于苇筏孔中，随水上下"的记载，类似现在广东一带的浮水栽培法。韭菜是中国特有的古老蔬菜，在元代已认识到它比较耐寒，且具有储藏养分的鳞茎，从而采取盖韭、囤韭等栽培方式，在严冬和早春生产出青韭和韭黄。孵豆芽菜的技术是在宋代创造的。当时已注意到在孵豆芽的过程中要"不为风日侵"，并指出产品"色浅黄"，可见当时已对软化栽培有所认识。

采种方法

蔬菜的采种在古代很早受到重视。《齐民要术》在叙述每种蔬菜的栽培法时，都一一说明其留种方法。如甜瓜应选留"瓜生数叶，便结籽"的"本母籽瓜"，使种出的瓜果早熟；葵虽四季都可播种，但采种者必须在五月播种等。元代农书中对萝卜的采种有专门叙述，指出应在初冬采收时"……择其良者，去须，带叶种（移）栽之"。清代更注意到雌雄异株的菠菜采种应多留雌株，并且提出了"雄者苗多弱，雌者苗多茂"的早期鉴别雌雄的原则。

第十一章

滴滴润滑——植物油料

　　中国古代植物油料种类丰富。北魏《齐民要术》记载有胡麻（芝麻）、麻籽（大麻）、蔓菁（芜菁）、荏籽和乌桕5种。宋代的记载已增至脂麻（芝麻）、大麻、荏籽、红蓝花、蔓菁、苍耳籽、杏仁、洞（桐）籽、乌桕等10种，此外还有油菜和大豆。至明代，《天工开物》记载有胡麻、菜菔（萝卜）籽、黄豆、菘菜（白菜）籽、苏麻、芸薹籽（油菜）、茶籽、苋菜籽、大麻仁、樢（乌桕）仁、亚麻籽、棉花籽、蓖麻籽、樟树籽和冬青籽14种；清代又增加了花生和向日葵。总计中国古代所利用的植物油料见于记载的达24种之多，其中草本18种、木本6种。而以榨取油脂为主要目的加以栽培利用的植物，即今所说的油料作物，则集中在芝麻、大豆、油菜、花生、蓖麻、亚麻、荏籽和向日葵8种；在食用油料中占主要地位的，又只有芝麻、大豆、油菜、花生4种。它们成为重要油料作物的时间，大致芝麻是在汉代，大豆和油菜在宋代，大豆和油菜在宋代，花生在清代中叶。

主要油料作物的栽培历史如下：

芝麻

古称胡麻，茎呈方形，也称方茎；又因籽多油，细似狗身之虱，因此也有脂麻、油麻和狗虱之称。此外，还有巨胜、藤宏、鸿藏、交麻等异名。芝麻之名到宋代才见于《调燮类编》《格物麤谈》等书，后沿用至今。关于中国芝麻的来源，据《齐民要术》载："《汉书》：张骞外国得胡麻"，认为芝麻是西汉时张骞

芝麻

从西域带入。但查《汉书》《史记》都无此记载。又因20世纪50年代在浙江吴兴钱山漾新石器时代遗址中发现了距今约四五千年以前的芝麻种子，因此中国栽培芝麻的来源尚待进一步考证。

中国古代芝麻类型很多。种子颜色除黑、白二色外，还有赤色的。曾长期被列为谷类，用来"充饥"，故有"八谷之中，惟此（芝麻）为良"之说。用作油料的历史也很久远。

宋代《鸡肋编》说："油通四方，可食与燃者，惟胡麻为上。"说明宋代以前芝麻油已成为食油和燃用油的上品。到明代，《天工开物》说："其为油也，发得之而泽，腹得之而膏，腥臊得之而芳，毒厉（恶疮）得之而解。"用途更趋多样。

关于栽培方法，北魏时在芝麻的播种期、播种量、播种法等方面已积累不少经验。《齐民要术》指出的收获方法是"以五、六束为一丛，斜倚之，候口开"，到田间进行脱粒，每三日打一次，分四、五遍抖打才结束。这是利用后熟作用，尽量减少脱粒损失的好办法，至今还在民间应用。宋代发展了中耕技术，提倡早锄和多锄，明代又总结出开荒种芝麻有利于消灭草害的经验。清代在茬口安排方面，认为"稻田获稻后种麻最宜"，麦后可和粟杂种；但多年种苏子之地"不宜脂麻"，更"忌重茬、烂茬"。棉田套芝麻"能利棉"。清代晚期芝麻的亩产量"约收五、六斗"，荒地种芝麻则"亩收二石有奇"。出油率一般为"每石可得 40 斤"，高的可达 60 斤。

大豆

大豆是人类所需植物蛋白的重要来源。在中国、日本、朝鲜、韩国及东南亚一些国家为重要的食物组成部分；在美国、巴西和阿根廷等国也是主要的豆类作物。

当今广泛种植的栽培大豆，是中国人的祖先从野生大豆通过长期定向选择，不断地向大粒、非蔓生型、熟期适中、含油量高的方向改良训化而成的。中国有遍生各地的大豆祖先——野大豆。山西侯马县出土的 2300 年前的大豆实物，种类大小类似现在广为栽培的大豆。秦代，大豆首先自中

国华北传至朝鲜，而后又自朝鲜引入日本。19 世纪 70 年代后引入欧洲试种。1882 年起美国开始试种大豆，并先后从中国和日本等国引入大豆品种资源近万份，为发展大豆生产提供了基础材料。

大豆种子富含蛋白质和油分。豆油含较多的豆油酸，是优质食用油，经氢化可制人造奶油，并是制造油漆、肥皂、油墨、甘油、化妆品等的原料。中国北方有以大豆粉与杂粮粉混合做主食的。以大豆为原料的酱油、豆腐、豆浆、腐乳、腐竹、豆芽等豆制品花色繁多，富含植物蛋白质，是中国、日本、朝鲜和韩国等国的传统副食。用低温脱脂大豆粕经弱碱液处理并用硫酸或盐酸液中和沉淀制成的"分离大豆蛋白"，其蛋白质含量高达 90％，可制大豆饮料和香肠等食品的填充料，以增加食味与营养。脱脂大豆粕或"分离大豆蛋白"经挤压加温后，还可制成有肉味并有咀嚼感的"组织大豆蛋白"（蛋白肉），可代替动物肉类制作各种菜肴。豆饼

和豆粕还是畜牧业和渔业的重要饲料。

粗制大豆油沉淀物中的卵磷脂，被广泛用于食品和医药、造纸、制革等工业。大豆蛋白质还可用来制造干酪素胶合板胶、农药黏着剂和灭火剂，并可用于纸张和纺织品挂浆、皮革上光，以及制塑料和乳化剂等。

油菜

古称芸薹，也称胡菜。相传最初栽培于塞外芸薹戍，因而得名。早期分布于北方。宋代《图经本草》说："始出自陇、氐、胡地。"明代《本草纲目》也说："羌、陇、氐、胡，其地苦寒，冬月多种此菜，能历霜雪，种自胡来，故服虔《通俗文》谓之'胡菜'。"说明今青海、甘肃、新疆、内蒙古一带，是油菜最早的分布地区。近已在甘肃秦安大地湾新石器时代遗址中发现有距今七、八千年前的芸薹属（可能是油菜、白菜或芥菜）种子，可证明中国油菜栽培的古老。

油菜

中国古代的油菜，据清代《植物名实图考》记载，主要有两种：一种是"味浊而肥、茎有紫皮，多涩微苦"的油辣菜，即芥菜型油菜；另一种是"同菘菜，冬种生薹，味清而腴，逾于莴笋"的油青菜，即白菜型油菜，早期都作蔬菜栽培。北魏时贾思勰在《齐民要术》中曾说到收油菜种子，但没有说明其目的，而书中指明以榨油为目的的作物为胡麻、麻籽、芜菁、荏籽等，可能油菜在当时还是一种蔬菜作物。

宋代始有将芸薹作油料的记载，反映了这一作物利用目的的改变。油菜在江南发展，并利用冬闲稻田栽培，也始于宋代。到元代，《务本新书》已有稻田种油菜的明确记载。明、清时期，进一步认识到稻田冬作油菜，不仅能提高土地利用率、获得油料，还有培肥田土、促进粮食增产的作用。因而油菜在长江流域迅速发展，至清末《岡田须知》记载，已出现了"沿江南北农田皆种，油菜七成，小麦三成"的局面。

中国古代油菜栽培，最初用的是"漫撒"的直播法。据《齐民要术》注称，黄河流域做菜用的油菜因"性不耐寒，经冬则死，故须春种"。长江流域则可冬播。稻田种油菜多行垄作，以利排水。明代从直播发展到育苗移栽，并采用了摘薹措施，《农政全书》中总结的"吴下人种油菜法"，集中地反映了当时已相当精细的栽培技术，包括播前预制堆肥、精细整地和开沟作垄、移栽规格、苗期因地施肥、越冬期清沟培土、开春时施用薹肥和抽薹时摘薹等。到清代中叶，又出现了点直播栽培，并掌握了"宜角带青"的收获适期。油菜的产量，据明代有关文献记载，亩收约在一、二石之间；出油率为 30%～40%。

花生

又名落花生，因"藤生花，落地而结果"得名，也称长生果。此外还有万寿果、落地参、及地果、番豆、地豆等名。中国有关花生的最初记载是元末明初的《饮食须知》："近出一种落花生，诡名长生果，味辛苦甘，性冷，形似豆荚，子如莲肉。"历史上都认为是从海外传来。如清《三农纪》说："始生海外，过洋者移入百越。"但 20 世纪 50 年代浙江吴兴县钱山漾新石器时代遗址与芝麻一起出土了花生种子。学术界对花生的来源尚无定论。明代江苏南部已有种植。弘治年《常熟县志》《上海县志》以及正德元年（1506）的《姑苏县志》等方志均有种植花生的记载。此后，清初张璐《本经逢原》、屈大均《广东新语》中又先后提到福建和广东有花生，可知东南沿海是中国花生的早期栽培地，其中又以苏南栽培

花生植株

最早。到清代中叶，花生栽培已几乎遍布全国各地。

清末以前，中国栽培的花生都是壳长寸许，皱纹明显，每荚有实三、四粒的中粒花生（称龙生）以及每荚二粒为主的小粒种（称珍珠花生）。19世纪80年代才开始出现大粒种花生称大洋生，最初见载于光绪十三年（1887）《慈谿县志》。同时期，大粒种花生也由外国传教士从美国传到山东蓬莱县，由于收获省工、产量高，发展很快。到20世纪初，在广东等地区大粒种的栽培已超过小粒种。

花生最初是作为一种直接利用的食品。明末《天工开物》所列油料中，就无花生。花生作为油料的记载始见于《三农纪》："炒食可果，可榨油，油色黄浊，饼可肥田。"说明大约在18世纪时，花生已成为一种油料。花生的产量，清末《武陟土产表》记载"每亩约收三石"，出油率为"花生重十五、六斤，制油三斤半"；《抚郡农产考略》记载"亩收四、五百"，出油率"花生百斤，可榨油三十二斤"，说明20世纪初期，花生的单产水平已经不低，但出油率不高，这可能和当时榨油技术水平有关。

关于花生的栽培技术，明代《汝南圃史》已有有关种、收时期，施肥及土宜等方面的记述。明末出现了"横枝取土压之"的培土措施。清代实行条播或穴播、开深沟排水灌溉等方法，并已认识到花生有固氮能力，"地不必肥，肥则根叶繁茂，结实少"。